Heimische Wespen im Vergleich

QUELLE & MEYER
BESTIMMUNGSKARTEN

-/-
Macrophya rufipes

-/-
Macrophya annulata

Bergblattwespe
Macrophya montana

-/-
Macrophya militaris

Blauschillernde Salomonsiegel-Blattwespe
Phymatocera aterrima

-/-
Rhogogaster sp.

Grünschwarze Blattwespe
Tenthredo mesomela

Feld-Blattwespe
Tenthredo campestris

Blattwespen

-/-
Tenthredo notha

-/-
Tenthredo sordida

-/-
Tenthredo marginella

Berauschte Blattwespe
Tenthredo temula

Gelbschwarze Blattwespe
Tenthredo vespa

Bürstenhorn-Blattwespe
Arge cyanocrocea

-/-
Arge nigripes

Rübsen-/Kohlrüben-Blattwespe
Athalia rosae

Wegwespen

Tönnchenwegwespe
Auplopus carbonarius

Bleigraue Wegwespe
Pompilus plumbeus

Frühlings-Wegwespe
Anoplius viaticus

Rotbeinige Wegwespe
Episyron rufipes

Weitere

Borstige Dolchwespe
Scolia hirta

Puppen-Erzwespe
Pteromalus puparum

Getreidehalm-Blattwespe
Cephus pygmeus

Gemeine Rollwespe
Tiphia femorata

Sattelblattwespe
Eutomostethus ephippium

-/-
Dolerus triplicatus

Gespinstblattwespe
Pamphilius sylvaticus

Große Birkenblattwespe oder Birkenknopfhornblattwespe
Cimbex femoratus

Erlenknopfhornblattwespe
Cimbex connatus

Gelbe Pappel-Keulhornblattwespe
Cimbex luteus

Geißblatt-Keulhornblattwespe
Abia fasciata

Breitfüßige Birkenblattwespe (Larve)
Craesus septentrionalis

espen

Blaue Goldwespe
Phylloneta impressa

Blaugrünrote Goldwespe
Chrysis fulgida

Bienenwolf-Grabwespe
Hedychrum rutilans

-/-
Omalus puncticollis

Holzwespen

Riesenholzwespe
Uroceras gigas

Riesenlaubholzwespe
Tremex fuscicornis

Gemeine Holzwespe
Sirex juvencus

Blaue Fichtenholzwespe
Sirex noctilio

Gallwespen

Rosengalle
Diploplepis rosae

Eichenschwammgalle
Biorrhiza pallida

Buchengalle
Miciola fagi

Weidenblattwespe (Larve)
Nematus salicis

Schlupf

Gelbe Schlupfwespe
Amblyteles armatorius

-/-
Ichneumon sp.

Gichtwespe
Gasteruption jaculator

Holzwespen-Schlupfwespe
Rhyssa persuasoria

Goldw

Kurzstiel-Sandwespe
Podalonia affinis

Heuschreckensandwespe
Sphex funerarius, Sphex rufocinctus

Wanzengrabwespe
Astata boops

Südliche Grabwespe
Prionyx kirbii

Schneckenhaus-Goldwespe
Trichrysis cyanea

-/-
Chrysura dichroa

-/- (am Nest der Gemeinen Schornsteinwespe)
Chrysis mediata

-/-
Pseudomalus auratus

Grabwespen

Bienenwolf
Philanthus triangulum

Kreiselwespe
Bembix rostrata

Knotenwespe
Cerceris quinquefasciata

Bienenjagende Knotenwespe
Cerceris rybiensis

Breite Fliegengrabwespe
Ectemnius lituratus

Fliegenspießwespe
Oxybelus quattuordecimnotatus

Ragwurz-Zikadenwespe
Argogorytes mystaceus

Gemeine Sandwespe
Ammophila sabulosa

wespen

-/-
Ichneumon sp.

Gemeine Wespe
Vespula vulgaris

Schmalbauchwespe
Gasteruption assectator

Deutsche Wespe
Vespula germanica

Sichelwespe
Therion circumflexum

Sächsische Wespe
Dolichovespula saxonica

-/-
Gelis sp.

Mittlere Wespe
Dolichovespula media

Faltenwespen

Rote Wespe
Vespula rufa

Hornisse
Vespa crabro

Heide-Feldwespe
Polistes nimpha

Haus-Feldwespe
Pollistes dominula

Zierliche Feldwespe
Polistes bichoffi

Gemeine Schornsteinwespe
Odynerus spinipes

Töpferwespe
Eumenes sp.

Lehmwespe
Ancistrocerus sp.

Haus-Feldwespe *Pollistes dominula*

Bildnachweis: Alle Bilder stammen von Wolfgang Willner.

Projektberatung und Zusammenstellung: Wolfgang Willner

ISBN 978-3-494-01963-5
Best.-Nr.: 494-01963

9 783494 019635

QUELLE & MEYER
BESTIMMUNGSKARTEN